香蕉枯萎病 综合防控技术问答

覃柳燕　韦绍龙　田丹丹　主编

U0396916

广西科学技术出版社

图书在版编目（CIP）数据

香蕉枯萎病综合防控技术问答 / 覃柳燕，韦绍龙，
田丹丹主编.—南宁：广西科学技术出版社，2022.3（2023.11重印）

ISBN 978-7-5551-1713-1

Ⅰ.①香… Ⅱ.①覃… ②韦… ③田… Ⅲ.①香蕉—
枯萎病—防治—问题解答 Ⅳ.①S436.68-44

中国版本图书馆CIP数据核字（2022）第032648号

XIANGJIAO KUWEIBING ZONGHE FANGKONG JISHU WENDA

香蕉枯萎病综合防控技术问答

覃柳燕　韦绍龙　田丹丹　主　编

责任编辑：黎志海　吴桐林　　　　　装帧设计：梁　良

责任校对：夏晓雯　　　　　　　　　责任印制：韦文印

出 版 人：卢培钊　　　　　　　　　出版发行：广西科学技术出版社

社　　址：广西南宁市东葛路66号　　邮政编码：530023

网　　址：http://www.gxkjs.com

经　　销：全国各地新华书店

印　　刷：北京虎彩文化传播有限公司

开　　本：787 mm×1092 mm　　1/16

字　　数：67千字　　　　　　　　　印　　张：5

版　　次：2022年3月第1版　　　　印　　次：2023年11月第2次印刷

书　　号：ISBN978-7-5551-1713-1

定　　价：32.00元

《香蕉枯萎病综合防控技术问答》
编委会

主　编　　覃柳燕　　韦绍龙

　　　　　　田丹丹

副主编　　李朝生　　黄素梅

　　　　　　韦　弟　　周　维

　　　　　　韦莉萍

编　委　　李宝深　　龙盛风

　　　　　　何章飞　　黄曲燕

　　　　　　李小泉　　李佳林

　　　　　　黄典红

前　言

香蕉（*Musa* spp.）为芭蕉科（Musaceae）芭蕉属（*Musa* L.）植物，分布于热带、亚热带地区。广西是我国香蕉第二大产区，香蕉产业是广西巩固脱贫攻坚成果、实施乡村振兴战略不可多得的优势特色产业。2007 年，广西开始零星出现香蕉枯萎病，并以每年 10% ～ 20% 的发病速度扩散蔓延。2015 年，广西香蕉主产区枯萎病开始大爆发，对香蕉产业造成严重危害，损失巨大，许多蕉园无法正常采收并大量丢荒，广西香蕉种植面积急剧下降，由 2015 年最高的 180 多万亩（1 亩 ≈ 667 m²）急速减少至 2020 年的 60 万亩左右。香蕉枯萎病严重阻碍了广西香蕉产业的可持续发展，如何正确认识香蕉枯萎病并实现有效防控是香蕉产业面临的首要问题。为此，我们在总结防控经验、梳理研究成果、参考相关文献的基础上，系统编撰了本书。

全书从香蕉枯萎病的基本认识、抗枯萎病香蕉品种、香蕉枯萎病防控技术、健康种苗等方面进行了详细介绍，并对未来香蕉枯萎病防控技术研究重点进行了探讨，依据"以抗病品种为核心，以土壤改良为主线"的原则阐述了综合防控技术体系的构建，是广西香蕉枯萎病发生历程、发生规律及其综合防控技术研究成果的集成。此外，从便于读者查阅和高效利用的角度考虑，列举了翔实的应用技术方案及效果分析。本书重点针对生产应用一线，同时也可作为教学、科研、农业生产的参考。

编者

目 录

一、概述

　　我国是香蕉的主产国之一，也是世界上第二大香蕉生产国。香蕉产业是广东、广西、海南、云南、福建等省（区）传统的农业特色产业，对当地的社会经济发展发挥着重要的作用。1874年，澳大利亚首次报道香蕉枯萎病。1910年，巴拿马因香蕉枯萎病的大爆发损失惨重，因而该病又称为巴拿马病。1935～1939年，南美洲国家因该病的破坏而荒弃香蕉园40000公顷。1940年，南非纳塔尔省抗香蕉枯萎病病原菌1号生理小种（Foc1）的Cavendish香蕉品种遭受4号生理小种（Foc4）的为害。香蕉枯萎病已遍及大部分香蕉生产国。1967年，我国台湾首次报道香蕉受Foc4为害，1974年该病菌逐渐流行，使台湾的香蕉种植面积从最高峰时的50000公顷锐减至4908公顷，几乎摧毁了整个台湾的香蕉产业。1996年，在广东省广州市万顷沙镇也发现了Foc4，此后的5年间，Foc4使广州市南沙区近0.7万公顷的香蕉植株发病率达到30%以上，部分地块达到80%以上，导致整个香蕉产区在产业版图上消失。随后，该病迅速在广东全省蔓延。2000年，与广东省毗邻的福建省漳州市发现Foc4；2001年，海南省三亚市发现Foc4；2009年，云南省西双版纳傣族自治州勐腊县香蕉产区发现Foc4；2007年11月，广西壮族自治区植物保护总站首次确认广西发生Foc4为害；2012～2013年，在广西南宁市及其各县区、崇左市、百色市、钦州市等香蕉产区均发生Foc4为害，且90%以上的蕉园病株率为1%～14%。截至2019年5月，我国香蕉主产区均遭受香蕉枯萎病的严重为害，损失惨重，许多蕉园被毁，给香蕉产业造成了不可估量的影响。2020年，因香蕉枯萎病的发生，我国香蕉种植面积仅余 40.6 万公顷，产量仅 1070 万吨，该病成为制约我国香蕉产业可持续发展的最主要因素。如何应对香蕉枯萎病是当前政、产、学、研需要共同面对和解决的迫切问题。因此，全面、及时、准确了解香蕉枯萎病的病因、发病机理、发展历程、防控理念、研发成果、防控措施等非常必要。

二、香蕉枯萎病的基本认识

1. 什么是香蕉枯萎病?

香蕉枯萎病又称香蕉黄叶病或巴拿马病（Panama disease），是一种由侵染香蕉维管束的真菌引起植株萎蔫的毁灭性土传病害，属国际植物检疫对象。其发生地区分布较广泛，在我国华南地区香蕉产区普遍发生。病原菌可在土壤中存活数年之久，一般导致香蕉减产 20% 以上，严重的田块甚至绝收。

2. 香蕉枯萎病病原菌是什么?

香蕉枯萎病病原菌为尖孢镰刀菌古巴专化型真菌［*Fusarium oxysporum* f.sp.*cubense*（E.F.Smith）Suyder.et Hansen.，缩写为 Foc］，属于半知菌类（Imperfecti fungi）丛梗孢目（Moniliales）瘤座孢科（Tuberculariaceae）镰刀菌属（*Fusarium*）真菌。香蕉枯萎病病原菌可产生 3 种形态的无性分生孢子——大孢子、小孢子、厚垣孢子。大孢子镰刀形或纺锤形，具 3～5 个隔膜，顶端细胞呈尖刀状或钩状，脚细胞明显，壁薄，大小为（22～36）μm×（4～5）μm；小孢子生于瓶梗状的产孢细胞上，圆形或椭圆形至脊形，无隔膜或具 1 个隔膜，壁薄，大小为（5～7）μm×（2.5～3）μm，在人工培养基上很容易见到。厚垣孢子圆形，壁厚,间生或顶生于菌丝上，多单生，大小为 9 μm×7 μm，可在土壤中存活 3～5 年，至今未发现有性态。

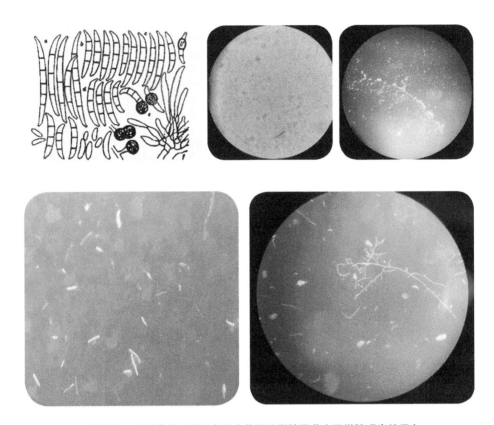

香蕉枯萎病病原菌的显微形态图（普通显微镜及荧光显微镜观察结果）

3. 香蕉枯萎病发展历程是怎样的？

香蕉枯萎病（*Fusarium* wilt）于 1874 年在澳大利亚被发现，1890 年在中美洲南部的巴拿马被发现。由于中美洲南部主要种植的香蕉品种大蜜哈（Gros michel，AAA）高度感病，该病于 1910 年在巴拿马大流行，造成大量蕉园内植株死亡、绝收甚至毁园，直接导致了香蕉出口产业的衰退，破坏了巴拿马乃至整个中美洲的农业格局，故香蕉枯萎病也被称为巴拿马病。经病原鉴定，引起大蜜哈品种枯萎病的病原菌为香蕉枯萎病病原菌 1 号生理小种（Foc1）。20 世纪 50 年代，受 Foc1 侵染所导致的香蕉枯萎病影响，大蜜哈品种退出了国际市场。抗 Foc1 的品种香芽蕉（Cavendish，AAA）的出现拯救了濒临灭亡的世界香蕉产业。1967 年，在我国台湾发现了使香芽蕉致病的香蕉枯萎病病原菌 4 号生理小种（Foc4），香蕉产业再次面临严重威胁。20 世纪 70 年代，在菲律宾同样发现香芽蕉品系被 Foc4 侵染。20 世纪 90 年代，Foc4 严重为害印度尼西亚和马来西亚的香芽蕉蕉园。随后，Foc4 从个别香芽蕉种植国家扩散至印度、中东地区、澳大利亚和整个非洲，向未发病的香蕉种植国家和地区不断蔓延。2013 年在约旦和莫桑比克、2015 年在巴基斯坦和黎巴嫩、2018 年在波多黎各和日本冲绳县宫古岛均发现了由 Foc4 引起的香蕉枯萎病。据不完全统计，Foc4 在世界各香蕉主产区均已出现，包括中国、印度尼西亚、约旦、阿曼、莫桑比克、黎巴嫩、巴基斯坦、马来西亚、印度、日本、菲律宾、越南、老挝、缅甸、以色列、南非、西班牙加那利群岛、南太平洋地区及美洲等国家和地区，并在世界范围内逐渐由发病区向非病区扩散，成为世界香蕉产业持续发展的一个主要障碍。

4. 香蕉枯萎病发生症状如何?

（1）外部症状特征。幼龄植株发病时外部症状不甚明显，但在香蕉抽蕾中后期该病症状表现最为明显。病株下层叶片先发黄，初期为叶缘变黄，然后向中脉扩展，随着病害的进一步发展，叶片整张变黄，由黄色变褐色，叶鞘处弯折，并倒垂于假茎四周，仅剩顶部内层叶片仍保持绿色；有的病株假茎基部叶鞘处纵向开裂，拨开裂口处，可见维管束变成红棕色，最后植株腐烂、倒伏、死亡。也有整片叶子直接发黄的，感病叶片迅速凋萎，由黄色变褐色而干枯，其最后一片顶叶往往迟抽出或不能抽出，最后病株枯死。个别病株虽然不立即枯死，但果实发育不良，品质低劣。母株发病，在地上部（即假茎）枯死后，其地下部（即球茎）仍能长出新芽，继续生长，生长中后期才显现症状。

香蕉营养期发病症状（叶片黄化、下垂，整株枯死）

香蕉抽蕾挂果期发病症状

（2）内部症状特征。横切病株的根部、球茎和假茎，发病初期的植株下部根茎的横切面可见维管束有黄色或红棕色斑点，后期变为褐色斑点；纵向剖开根部、球茎和假茎，可见呈斑点状或线条状的红棕色或褐色维管束，离球茎越近的假茎颜色越深，越远颜色越浅，后期球茎内部腐烂，形成空腔。病株根部木质部导管常出现红棕色病变，后期大部分根变成黑褐色或干枯。

香蕉植株球茎与假茎发病症状（幼苗球茎褐化、假茎维管束变褐色或红棕色、球茎内部形成空腔）

5. 香蕉枯萎病病原菌致病过程是怎样的？

　　香蕉枯萎病病原菌成功侵染寄主植物需要经历一系列过程：通过寄主信号识别根，接触根表面，穿透菌丝的异化，适应寄主的体内环境（包括对植物抗真菌物质产生耐受性、菌丝的增殖和产生小分生孢子、分泌小肽或植物毒素等毒性物质）。病原菌由根部侵入香蕉植株后，经维管束组织向块茎发展扩散，感染部位的维管束组织明显褐化，大多有由假茎基部向内纵裂、球茎腐烂等现象。

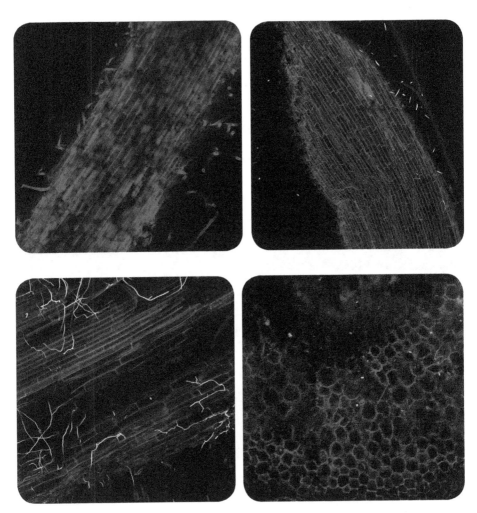

荧光标记的 Foc4（绿色部分）侵染香蕉根系（红色部分）过程（病原菌侵染前根系，病原菌接触根表面，病原菌菌丝异化，病原菌侵染根内部）

6. 香蕉枯萎病发病的敏感期在什么时期？

香蕉枯萎病病原菌在香蕉植株中存在潜伏期，一般在苗期症状表现不明显。高温高湿或高温干旱条件，利于病原菌孢子萌发，并在植株体内快速侵染为害；在香蕉植株抽蕾期及挂果初期，植株黄化及枯萎病症状较为明显。植株发病后，其生长发育会受到明显影响，尤其在抽蕾期、挂果期，会出现抽蕾畸形、果实畸形或无法饱满等现象。

香蕉发病植株抽蕾畸形

7. 香蕉枯萎病的发生及传播特点如何？

　　引起香蕉枯萎病的尖孢镰刀菌是一种土壤习居菌，在缺乏寄主的情况下，该菌的分生孢子能在土壤中存活 8～10 年，形成的厚坦孢子在土壤中可存活 30～40 年。该病的初侵染源为带病植株及吸芽、病土。种植带病吸芽苗或病土中的蕉苗，病原菌首先从幼根侵入，成株期从伤口侵入，经根系木质部扩散至球茎，再通过维管束向假茎蔓延扩散。当母株发病枯死后，病菌遗留在土壤中营腐生生活，随病株残体、带菌土壤、耕作农具、病区灌溉水、雨水等近距离传播蔓延。通过调运带病菌的吸芽、土壤和二级种苗等进行远距离传播。

8. 哪些蕉园容易发生香蕉枯萎病？

研究表明，存在以下情况的蕉园容易发生香蕉枯萎病：（1）蕉园土壤存在酸度大、沙壤土、肥力低、土质黏重、排水不良、下层土渗透性差、耕作伤根及地下害虫发生等造成根系受损的因素。（2）蕉园水肥管理不到位，有机肥不足，化肥偏多，营养失衡。（3）蕉园内球茎象鼻虫、根结线虫、细菌性腐烂病发生严重。

9. 香蕉枯萎病毒素成分及可能的作用机制是什么？

在寄主植物与病原菌的相互作用中，病原菌侵入寄主后产生激素、酶类和毒素等物质，这些物质会给植物造成一定的伤害。毒素在尖孢镰刀菌致病过程中起重要作用，尤其是在病菌侵入寄主后，毒素即与细胞原生质膜的某些蛋白质结合，使膜结构发生变化，膜结构和功能受到损伤，导致膜透性改变，电解质外漏，电导值增加以致整个植株枯萎。

镰刀菌属产生的毒素种类很多，主要有玉米赤霉烯酮、单端孢霉毒素、镰刀菌酸和伏马菌素等。

10. 影响香蕉枯萎病流行的因素有哪些？

（1）土壤中香蕉枯萎病病原菌浓度大于 10^3 cfu/g，更容易发生香蕉枯萎病。（2）土壤 pH 值小于 5.0 的酸性沙壤土、肥力低、土质黏重、排水不良、下层土渗透性差和耕作伤根等因素，易导致病害发生。感病的春植蕉一般在 6～7 月开始发病，8～9 月加重，10～11 月进入发病高峰期。（3）高温多雨天气条件下，农事操作的人员流动、车辆流动、操作工具病健株互用等，易引起香蕉枯萎病的发生与流行。（4）持续高温干旱缺水，易引起烧根、植株脱水，易诱发香蕉枯萎病。

11. 香蕉枯萎病病原菌分为哪几种类型？广西的香蕉枯萎病病原菌致病力如何？

根据尖孢镰刀菌对不同香蕉品种类型的致病力的差异，可将其分为4个生理小种，分别为1号、2号、3号和4号生理小种。1号生理小种呈世界性分布，主要侵害中美洲香蕉的主栽品种大蜜哈、龙牙蕉（Musa，AAB）、粉蕉（Fenjiao，ABB）和矮香蕉（Dwarf cavendish，AAA），一般不侵染香芽蕉。2号生理小种主要分布在中美洲，只侵染三倍体杂种棱香蕉（Bluggoe，ABB），不侵染大蜜哈。3号生理小种仅侵染野生蕉（蝎尾蕉属）的一些品种。4号生理小种呈世界性分布，侵染所有的香蕉品种，为害最烈。根据病害的发生区域和特性，按亲缘关系划分，又可进一步将4号生理小种区分为热带4号生理小种（Foc TR4）和亚热带4号生理小种（Foc STR4）。在中国及东南亚国家出现的病原菌以热带4号生理小种为主，在澳洲有关于亚热带4号生理小种的报道。

广西的枯萎病病菌为1号生理小种（侵染粉蕉）和4号生理小种（侵染所有香蕉品种），其中4号生理小种大多数为热带4号生理小种（Foc TR4），也存在少量亚热带4号生理小种，均具有较强致病力。

12. 由尖孢镰刀菌引起的枯萎病寄主还有哪些？

尖孢镰刀菌（*Fusarium oxysporum*）是镰刀菌属（*Fusarium*）真菌中一个重要的种，可侵染多种植物引起维管束萎蔫病害，对农业生产造成严重威胁。该菌具有易变异与多型性的特点，种内生理分化十分明显，在种下又可分为多个专化型和生理小种。香蕉枯萎病是由尖孢镰刀菌古巴专化型侵染引起的维管束病害，该病的病原菌只侵染蕉类。而尖孢镰刀菌还可以侵染绿豆、蚕豆、黄豆等豆科植物，黄瓜、西瓜、哈密瓜等瓜类，茄子、番茄、西葫芦、辣椒等茄科作物。由于专化型不同，香蕉枯萎病病原菌和尖孢镰刀菌的寄主存在差异，不互相侵染。

13. 在香蕉枯萎病发病严重的蕉园，为什么还有健康植株？

（1）植株变异。香蕉是三倍体，没办法通过杂交产生种子获得后代。目前通过挖取香蕉吸芽进行组培苗繁殖，在组培过程中，生产上准许有3%～5%的变异率，这些变异表现在田间有可能成为抗香蕉枯萎病的变异。在自然界中，也存在植物与环境共同进化的变异，在香蕉枯萎病发病严重的蕉园，存在健康植株，有可能是植株适应环境的一种变异。这就为芽变育种提供了最初的育种材料。

（2）植株抗性被激活。在病原菌及环境的刺激下，植株本身的抗性基因被激活，产生了对病原菌的抵抗能力。

（3）土壤中病原菌数量少。香蕉枯萎病是典型的土传病害，但其病原菌在土壤中的分布不是均匀一致的。健康植株所在区域或许土壤中的病原菌数量少，不能使其表现出发病症状。但一般这种情况比较少见，香蕉枯萎病病原菌的扩散蔓延能力极强，每年可以蔓延20%的无病蕉区，为害风险巨大。

（4）健康植株根周土壤拮抗微生物群落丰富度大。健康植株根周土壤拮抗微生物群落丰富度越大，植株所处的微生态环境就越趋于平衡和稳定，因此，致病菌就不能形成优势菌群对香蕉根系进行侵害。

三、抗枯萎病香蕉品种

1. 目前市场上推广的抗枯萎病香蕉品种有哪些？

生产实践中，将能够避免、阻滞或终止尖孢镰刀菌古巴专化型的侵染与扩散，减轻枯萎病发病和损失程度的香蕉品种，称为抗枯萎病香蕉品种（以下简称抗病品种）。目前市场上大面积推广的抗病品种主要有桂蕉9号、宝岛蕉、南天黄。

除上述3个抗病品种外，目前育成的抗病品种主要有抗枯5号、农科1号、中蕉系列（中蕉3号、中蕉4号、中蕉6号、中蕉9号）、热科系列（热科2号）、中热系列（中热1号、中热2号）等，但这些品种中除抗枯5号、

桂蕉9号挂果植株

桂蕉9号果实（整串）

宝岛蕉挂果植株

宝岛蕉果实（整串）

南天黄挂果植株

南天黄果实（整串）

农科 1 号在 2016 年前小面积推广外，其他品种在市场上均未见大面积推广种植。

2. 目前市场上的抗病品种中，桂蕉 9 号、宝岛蕉、南天黄的优缺点是什么?

（1）桂蕉 9 号。由广西壮族自治区农业科学院生物技术研究所育成。优点：抗病性较强，高产，生育期较短，更接近于当前主栽品种；果梳美观，生果皮颜色为绿色，与常规品种几乎相当；不良气候条件下，生果皮锈斑（褐化）出现时间较晚（7 ~ 7.5 成熟），出现轻微锈斑。缺点：水肥不足、高温干旱、缺水条件下易诱发香蕉枯萎病。

（2）宝岛蕉。由台湾香蕉研究所育成。优点：抗病性较强，果梳美观，产量高。缺点：生育期较长；果实成熟后，生果皮颜色为深绿色；蕉果对高温比较敏感，易长锈斑（褐化）且出现时间较早（从幼果至 6 成熟），饱满果开始出现锈斑；果实催熟条件与常规品种不同，不能与常规品种混合催熟；宿根蕉植株易浮头等。

（3）南天黄。由广东农业科学院果树研究所育成。优点：抗病性较强，果梳美观，在海南等光热资源非常充沛的蕉区种植可获高产，生果皮颜色为绿色。缺点：生育期较长；稳定性和一致性不够，宿根蕉易发生性状分化（吸芽变红色，假茎由黄绿色变青绿色）。

3. 抗病品种种植为什么要结合综合防控技术应用?

首先，抗病品种并非免疫品种，目前所有的抗病品种在病原菌浓度高时仍可能会感病。其次，抗病品种对香蕉枯萎病的抗性除与本身的遗传特性有关外，还可能受到生育期和环境因素的影响，抗病品种在遭遇如低温/高温、排水不良、土壤过黏、盐碱化或 pH 值低等逆境时抗性有可能下降或丧失。最后，营养缺乏或不平衡及其他病虫害引起的植株生长不良也会导致抗病品种抗性的下降。因此，抗病品种种植必须结合综合防控技术，才能取得理想的种植效果。

4. 抗病品种直接套种、翻地重新种植的优缺点各是什么?

（1）抗病品种直接套种。优点：不需要大面积翻地，可降低当季成本，不影响当季蕉果的收获，原配备的设施也可以继续留用，省时省力。缺点：前期蕉苗采光不足，生长不整齐，管理难度大；挖坑套种，根系分布较浅，高温缺水条件下易烧根；蕉园土壤没有进行改良，病原菌含量高，易感染香蕉枯萎病。

感病蕉园直接套种抗病品种

（2）翻地重新种植。优点：有利于重新规划，在种植密度、土壤改良、套种覆盖作物、栽培管理等方面能按需进行，更容易实现病虫害的整体控制；能按计划统一采收，采收率高，收益有保障。缺点：容易造成香蕉枯萎病病原菌全园传播，因此需要做好香蕉枯萎病的前期防控工作（如轮作、土壤调理等）；需重新布设水肥管网等设施、重新翻地等，增加成本。

翻地重新种植

5. 抗病品种的种植管理技术与常规品种有什么不同？

（1）根据种植地块条件选择种植品种，新地可考虑种植常规品种，但感染香蕉枯萎病的风险随种植年限的增加逐年递增，管护不到位的可能3～4年就会全园发病失收；为了降低香蕉枯萎病的发生风险，新地建议种植抗病品种，枯萎病区要种植抗病品种。

（2）香蕉枯萎病区种植成功关键：抗（耐）性品种配套综合防控技术。前期一定要施足生物有机肥，全生育期要保证有充足的水分供应。

（3）抗病品种与常规品种种植的不同之处。①种植时间上，抗病品种较常规品种早（具体要根据品种的生育期及当地种植习惯调整）。②肥水管理上，抗病品种前中期所需肥量大于常规品种。③水分管理上，抗病品种需要充足持续供应水分。④轮套种模式上，病区要求一般轮作1～2年，最好3～4年。⑤宿根留芽上，抗病品种相对常规品种要早。（注意：枯萎病株的留芽时间须与健康植株留芽时间保持同步。）

6. 抗病品种种植的关键管理技术是什么？

抗病品种种植的关键管理技术有以下6点：（1）病区合理轮作，一般轮作 1～2 年，最好 3～4 年。（2）采用碱性肥料改良土壤。（3）种植无病健康种苗。（4）施足生物有机肥，平衡施肥。（5）保持水分持续充足供应。（6）防治好诱发香蕉枯萎病的其他病虫害如根结线虫、球茎象鼻虫、细菌性腐烂病等。

7. 广西种植抗病品种的最佳时间和种植密度？

考虑到抗病品种的生长时间一般都比常规品种的要长，容易遇到寒害，各地可根据当地气候及种植习惯调整种植时间。南宁市的隆安县、武鸣区、西乡塘区等冬季易受寒地区以夏秋植蕉为佳（8～10 月），冬植蕉次之（11月至翌年 1 月），不宜春植（2～3 月），其他气候条件相似地区（如玉林市、崇左市扶绥县、钦州市浦北县等）的种植时间也可参考上述地区稍做调整；百色市右江河谷、崇左市南部、北海市合浦县沿海等全年无霜、极少受寒害地区，种植时间可根据产期调节需要，采用春植、夏植或秋冬植，根据当地种植习惯，一般与常规品种种植时间相同或早 20～30 天（具体根据抗病品种生育期定）。

抗病品种的种植密度为 130～140 株 / 亩。

夏秋植桂蕉 9 号

冬植桂蕉9号

春植桂蕉9号

8. 香蕉抗病育种方法主要有哪些?

香蕉抗病育种通常是在现有的香蕉育种方法的基础上,结合早期的抗病性筛选鉴定技术,培育出具有应用潜力的抗性品种。目前抗病育种的方法主要有以下5种。

（1）芽变育种。自然或者通过人工诱导获得体细胞的突变株系，反复进行枯萎病抗性评价与鉴选，最终获得抗性品种。

（2）有性杂交育种。选取具有抗性的父（母）本进行杂交，对杂交后代反复进行枯萎病抗性评价与鉴选，最终获得抗性品种。

（3）诱变育种。通过物理诱变（如伽马射线）或化学诱变（如甲基磺酸乙酯、叠氮化钠等化学试剂）获得突变体，对突变体反复进行枯萎病抗性评价与鉴选，最终获得抗性品种。

（4）生物技术育种（包括基因工程育种、体细胞杂交育种、分子标记辅助育种等）。基因工程育种主要包括转基因、基因编辑等；体细胞杂交育种仍处于探索阶段，尚未取得实质性的进展；分子标记辅助育种是利用RAPD、SSR、AFLP等分子标记技术，通过目标性状关联基因的分子标记定位，加快选育的进程，提高育种效率。

（5）早期抗病性筛选鉴定方法主要有离体（试管内）毒素筛选法、苗期人工接种鉴选法（包括水培、盆栽等）、大田（田间）病区（圃）鉴选法。

9. 抗病品种的抗病机理是什么？

抗病品种的抗病机理主要包括：（1）抗病品种的根系分泌物对病原菌有抑制或杀死作用，而感病品种的根系分泌物对病原菌的生长表现出促进作用。（2）受到香蕉枯萎病病原菌侵染后，诱导抗病品种植株产生一些防卫反应（产生侵填体和细胞木质化）的时间及强度优于感病品种，防止病原菌侵入的效率高于感病品种。（3）从组织机构上，抗病品种导管比感病品种小，能更有效地阻止病原菌在体内的侵染。

10. 抗病品种苗期在温室内和室外的抗性评价筛选分别有什么优缺点？

（1）温室内抗性评价筛选。优点：接种病原菌的数量、基质的养分及理化性状、试验的温度及湿度可人为控制，可最大限度保证评价试验条件的一致性；可最大限度规避因外界环境差异对试验评价结果造成的影响；试验所需场地小，处理数量多，试验周期短，一年可做多次评价；所得结果准确性及可重复性高，且成本低。缺点：无法完全模拟香蕉种植过程中的各种复杂环境和病原菌侵染的各种途径与影响因素。

抗病品种温室内评价筛选

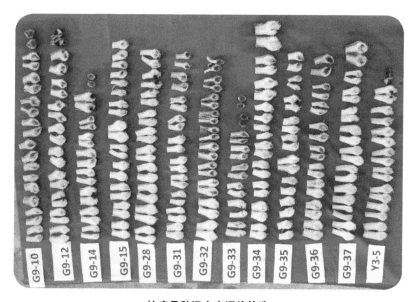

抗病品种温室内评价筛选

抗病品种温室内评价筛选

（2）室外抗性评价筛选。优点：与香蕉种植过程中的各种复杂环境接近。缺点：接种病原菌的数量、基质的养分及理化性状很难人为控制，试验需要大面积病原菌含量均匀及理化性状一致的地块，评价试验条件的一致性很难得到保证；试验的温度、湿度受天气的影响大，无法人为提供诱发香蕉枯萎病的最适宜温湿度、病原菌浓度等；供试环境的复杂性、影响因子的多样性导致难以保证评价结果的可靠性和重复性；所需试验场地面积大，一次性开展评价的数量有限，一年内很难实现多次重复试验，且成本较高。

重病区抗性评价筛选

病坑抗性评价筛选

11. 目前抗香蕉枯萎病的育种目标是什么？

目前抗香蕉枯萎病的育种目标有以下6点。（1）抗病性：具备中等及中等以上抗性［按照《热带作物品种资源抗病虫性鉴定技术规程　香蕉叶斑病、香蕉枯萎病和香蕉根结线虫病》（NY/T 2248—2012）进行评价］。（2）生育期：生育期较短（较接近于目前主栽品种）。（3）产量：中等产量或高产（株产约 25 kg 或以上）。（4）果实性状：果实商品性好；果指长且上弯均匀，梳型整齐；耐储运；催熟果实香甜，口感优于目前主栽品种；果色黄色或金黄色；货架期与目前主栽品种接近或稍长。（5）植株性状：高度中等，易于生产管理。（6）种性：稳定，变异率低。

12. 抗病品种选择的标准依据是什么？

抗病品种选择首先应结合品种试种情况，再依据当地温湿度等气候条件、土壤理化性质及营养条件、病害发生程度、枯萎病病原菌浓度、品种抗性与稳定性、产量、生育期、果实商品性状、蕉园管理及可采用的防控措施等因素进行综合考量。

13. 抗病品种桂蕉9号、宝岛蕉、南天黄的选育方法和过程分别是什么？

桂蕉9号来源于巴西蕉芽变选育，通过毒素、病原、病圃反复压力筛选，2015年通过广西壮族自治区农作物品种审定委员会审定，2020年获得国家植物新品种保护权。宝岛蕉引自台湾香蕉品种GCTCV-218，是从北蕉（高秆Cavendish品种）芽变选育获得，于2002年命名推广。南天黄来源于台湾GCTCV-218芽变选育，是通过田间抗病筛选获得的抗病品种，于2015年通过海南省农作物品种审定委员会认定。

14. 中抗品种与高抗品种是如何划分的？目前市场上主要有哪些品种？

香蕉品种的抗病性需依据香蕉枯萎病侵染过程中叶片黄化情况及茎秆维管束受侵染程度等性状，具体按照《热带作物品种资源抗病虫性鉴定技术规程　香蕉叶斑病、香蕉枯萎病、香蕉根结线虫病》（NY/T 2248—2012）进行评价，再结合大田试验发病情况进行综合评估。中抗品种和高抗品种广义上是相对于感病品种而言或在抗病品种之间进行比较而得出的评价结果。目前我国市场上主要推广的中抗品种包括桂蕉9号、南天黄、宝岛蕉等，高抗品种包括中蕉9号、GCTCV-119等。

15. 目前市场上的抗病品种主要存在哪些问题？如何去解决？

目前市场上的抗病品种在推广过程中主要存在的问题包括：对香蕉枯

萎病不能完全免疫（中蕉 9 号对香蕉枯萎病属高抗类型，发病率仅为 0.01%，但其蕉果风味尚未被消费者所接受），生育期长，产量、果型、把型、催熟果色等商品性状不如主栽品种，果锈斑、叶鞘腐败病、细菌性根腐病发生严重，宿根蕉浮头，植株高大易倒伏造成管理困难等问题突显。

抗病品种存在果锈

香蕉叶鞘腐败病

宿根蕉浮头现象

针对上述品种缺陷，采取的改良措施包括：继续选育生育期相对短的抗病优良品种或者采用大苗种植，根据气候及市场调节产期研发不同品种的配套栽培技术；对果锈斑和叶鞘腐败病进行针对性防治及栽培改良；宿根蕉管理难问题采用过桥留芽模式（逼子芽出孙芽后，留孙芽作为下一代蕉的挂果株）结合水肥调控进行改良。

16. 目前市场上的抗病品种与主栽品种在果品上有什么区别？

目前推广的抗病品种主要有宝岛蕉、南天黄、桂蕉 9 号。抗病品种与主栽品种主要在果实外观上有些许差异，但果品及口感差异不大。主要表现在抗病品种生果颜色较深、青绿色，果皮稍厚，催熟转色晚 1 ～ 2 天，果指较主栽品种短 1 ～ 2 cm，把型及果指弯度稍弱于主栽品种。目前市面上推广的抗病品种果品性状最接近于主栽品种的是桂蕉 9 号。

主栽品种桂蕉 1 号（感病）

抗病品种宝岛蕉

抗病品种桂蕉9号

桂蕉9号催熟果实

宝岛蕉催熟果实

南天黄催熟果实

17. 种植抗病品种选留下一代吸芽应注意哪些问题?

一般而言,抗病品种生育周期比常规感病品种长一些,抗病品种的吸芽植株比组培苗第一代植株抗病性强,发病植株继续留吸芽作下一代挂果母株，绝大部分能恢复正常挂果；另外，有的抗病品种进入第二代后易浮头，宿根性差。因此，香蕉抗病品种留芽，应注意以下问题：（1）选择合适时间选留下一代吸芽，一般在7～8月开始留芽。（2）病株和健康植株要同步留芽，保证下一代香蕉生长挂果统一。（3）部分抗病品种易浮头，因此留下一代吸芽时，选留球茎位置较深的吸芽。

病株与正常株同时留吸芽　　　　　　　浮头蕉过桥留芽

18. 桂蕉9号在广西的种植优势是什么？

桂蕉9号在广西的种植优势包括：（1）适应广西气候环境条件，可在广西香蕉主产区种植。（2）生育周期较短（11～12个月），仅较主栽品种晚15～20天，为目前市场上推广的抗病香蕉品种中生育周期最短的品种。（3）果品性状较接近主栽品种桂蕉1号、桂蕉6号。（4）种性稳定，变异率低。（5）香蕉枯萎病抗性稳定，在管理到位的情况下，蕉园内香蕉枯萎病发病率自第二代起大幅下降，且呈现逐年降低趋势。

19. 影响抗病品种推广的主要因素是什么？

影响抗病品种推广的主要因素包括：（1）目前推广的抗病品种均是中抗品种，大部分蕉园受香蕉枯萎病为害严重，土壤中枯萎病病原菌浓度高，营养失衡，非轮作且直接种植无法有效降低香蕉枯萎病发病率。（2）抗病品种生育期长，易受寒害，不易进行产期调节。（3）抗病品种在产量及果实商品性状方面弱于主栽品种，目前种植面积所占比例太少，在销售上处于劣势。（4）部分抗病品种种性不稳定，宿根蕉会出现种性分离。（5）育苗及销售不规范，套牌杂苗扰乱市场。（6）抗病品种种植水肥要求高，有一定技术门槛。

四、香蕉枯萎病防控技术

1. 香蕉枯萎病病株的处理方法是什么?

（1）加强田间巡查，早发现病株，早隔离，早处理。对发现的香蕉枯萎病病株，应将就近前后左右各方向的1株，用绳子围起来隔离，竖立警示标志，不准许人员随意进入。

病株隔离

病株警示

病株周边撒石灰

（2）常规品种病株处理：已发病的植株，不准许挖或砍除，可用木霉菌粉剂 400 ～ 500 倍稀释液和 20％松脂酸铜水乳剂 500 ～ 600 倍稀释液，现配现用，喷洒蕉叶和蕉秆。

发现病株死亡，用 30％草甘膦水剂注射到吸芽球茎中部，大株用量 8 ～ 10 mL，小株用量 5 ～ 6 mL。病株枯死后，挖掘病株残体，浇撒 50％多菌灵可湿性粉剂、漂白粉、生石灰或浇洒 2％福尔马林堆沤深埋。休耕或种上黑皮冬瓜、红薯等，半年后再套种或换种抗病品种。

（3）抗病品种病株处理：发病植株一般不需特别处理，保持正常的水肥供应，以保证吸芽的正常生长。待长出新芽后，可以与其他健康植株同步留芽，每株留 1 ～ 2 株吸芽，作翌年挂果株，除掉多余吸芽。

病株正常留吸芽

2. 香蕉枯萎病综合防控技术主要有哪些?

香蕉枯萎病是一种土传病害，病害蔓延速度快，传染性强，危害巨大，易受土壤环境等因素干扰，防治难度极大，是世界性难题。广西香蕉创新团队首席专家团队根据多年的研究探索与实践经验，总结形成了"以抗病品种为核心，以土壤调理为主线"的香蕉枯萎病综合防控技术体系，主要包括：（1）根据蕉园香蕉枯萎病的发生情况采用分级防控措施。（2）病区实施合理轮作，最好3～4年，一般要求1～2年。（3）调理土壤。施足碱性肥料和生物有机肥料对土壤进行改良，提高土壤pH值和有机质含量。（4）培育种植无病健康种苗。（5）保证水分充足持续供应。（6）定期定量施用生防菌剂（肥），改善香蕉根周微生物菌群结构。（7）秋植香蕉时可合理套种短期作物。（8）防治好诱发香蕉枯萎病的其他病虫害，如细菌性腐烂病、球茎象甲虫、根结线虫等。

3. "以抗病品种为核心，以土壤调理为主线"的香蕉枯萎病综合防控技术主要内容有哪些？

（1）"以抗病品种为核心"，首先是要种植抗病品种。种植对香蕉枯萎病病原菌完全免疫的抗病品种是彻底解决香蕉枯萎病的唯一途径。但目前所选育的抗病品种对香蕉枯萎病还不能完全免疫，即土壤中病原菌浓度达到一定范围时，所种植的抗病品种仍然会发病。目前生产上推广应用较多的抗病品种有桂蕉9号、宝岛蕉、南天黄等，均属中抗品种。

（2）"以土壤调理为主线"，就是要着重进行土壤调理。香蕉枯萎病是一种土传真菌性病害，土壤pH值偏低、土壤肥力下降导致土壤微生物区系和多样性失调是导致土传病害高发的根本原因。针对上述土壤问题，对蕉园土壤进行调理的措施主要包括：①休耕或轮作，增加土壤微生物多样性，降低香蕉枯萎病病原菌孢子浓度，最好轮作3～4年，一般要求轮作1～2年。②种植前施用碱性肥料调理改良土壤，按亩用量撒施土壤调理剂或草皮灰。③种植时每亩地放腐熟有机肥料或复合微生物肥料800～1000 kg，增加土壤有机质含量。④定期定量施用生物菌剂（肥），培育增加土壤根周有益菌优势菌群。⑤有条件的，实施套种短期作物，比如黑皮冬瓜等。

种植户观摩采用防控技术体系的蕉园

香蕉套种黑皮冬瓜

4.什么是分级防控？如何操作？

常规主栽感病品种的蕉园，应根据蕉园发病程度，将蕉园划分为无病蕉园、轻病蕉园、中病蕉园和重病蕉园，根据蕉园发病程度采取相应的综合防控措施，以有效延长蕉园的寿命。

（1）无病蕉园：香蕉枯萎病发病率为 0。按照"预防为主，综合防控"植保方针，不论感病或抗病品种，选择无病健康二级种苗。蕉园的规划和管理过程中，做好田间灌排水，施用土壤改良剂，大量施用优质生物有机肥（500 kg/667 m² 以上）提高土壤 pH 值，增加土壤微生物多样性及土壤有机质含量，预防香蕉枯萎病的发生。

无病蕉园

（2）轻病蕉园：香蕉枯萎病发病率小于5%，可进行蕉园修复。发病中心病株处理后，休耕或在病穴处种上一造黑皮冬瓜、南瓜、红薯等短期作物，6～8月在病穴处套种抗病品种。在种植前要进行土壤调理，每亩施用500 kg碱性有机肥料如草木灰或秸秆灰等改良土壤，并配施木霉菌肥2.5 kg，淡紫拟青霉菌剂15.0～22.5 kg/hm^{2}或厚孢轮枝菌剂30.0～37.5 kg/hm^{2}拌土，覆盖薄膜，保持土壤湿润，1个月后再种植。套种往往会忽略苗期的护理，因此要注意苗期水肥持续、充足供应，以有机肥为主，薄肥勤施。每年5～8月，每月施用一次生物菌液体肥，如复合生物菌液体肥100～150 mL/株·次；或在生长旺盛期每株施入2～3 kg复合木霉有机固体肥，每2个月施1次，分2次施完。

轻病蕉园

（3）中病蕉园：香蕉枯萎病发病率为5%～20%。其中又分为2种情况：

香蕉枯萎病发病率为5%～10%的蕉园，可根据原蕉园经济阈值情况，参照轻病蕉园通过抗病品种的套种进行修复；香蕉枯萎病发病率为10%～20%的蕉园，采用轮作或休耕模式。蕉园处理病株后，轮作甘蔗、生姜、韭菜、木薯、黑皮冬瓜等经济作物，或休耕至少1年。8～10月种植抗病品种。种植之前，提前土壤深翻50～70 cm后，晾晒1个月，开30～40 cm浅种植沟，每亩施用500 kg碱性有机肥料如草木灰或秸秆灰等改良土壤，旋耕机旋耕混合后，按株距定种植点穴，施10%噻唑磷颗粒剂15～20 g/穴，拌土，然后在土面上洒水，后覆盖薄膜1个月。在种植前要进行土壤调理，方法同轻病蕉园。施肥管理以施有机肥为主，平衡施用化肥，配施钙、镁、硼等中微量元素肥料。营养生长期应注意控施氮肥。参照轻病蕉园施用处理。

中病蕉园

（4）重病蕉园：香蕉枯萎病发病率大于20%。采用轮作或休耕模式进行防控。蕉园处理完病株后，休耕或轮作甘蔗、生姜、韭菜、木薯、黑皮冬瓜等经济作物。能水旱轮作更佳，最好轮作3～4年，一般要求轮作1～2

年。8～10月种植抗病品种，11～12月可套种黑皮冬瓜。种植前提前备耕，深翻土壤60～70 cm，暴晒或晾干1个月以上，再开沟种植。种植前土壤处理和基肥施放与中病蕉园相同。定植后，每株用6～8 mL乌金绿等有机液肥兑水2.5～3.0 kg作定根水淋施。定植20天后，开始淋施或滴施壮根壮苗肥，10～15天1次，每次每株用5 g磷酸二氢钾和8～10 mL乌金绿（或其他海藻素液体肥），连续4～5天。进入生长旺盛期后，每株施2～3 kg生物有机肥，结合复合肥、钾肥、中微量肥培土埋施。结合防治病虫害，生长旺盛期对茎秆、叶片、球茎喷施3～4次井冈霉素、春雷·喹啉铜等杀菌剂。

重病蕉园及丢荒蕉园

5. 目前对香蕉枯萎病病原菌抑制效果较好的药剂有哪些？

目前对香蕉枯萎病的防控以生物防控为主，蕉园种植前及发病初期采用化学药剂辅助防控。

生物农药主要是将发酵的拮抗菌添加到有机肥中制成生物有机菌肥，或直接将拮抗菌制成液体或粉剂，在香蕉栽种前直接施用于土壤，或在香蕉生长季节通过追肥的方式施用于田间。生物防控是目前应用最广、效果较为显著的一种防控方法，目前市场上生物菌剂常见的有荧光假单孢菌、枯草芽孢杆菌、哈茨木霉菌、棘孢木霉菌、淡紫拟青霉菌等，常以复合菌剂为多。化学药剂常见的有多菌灵、恶霉灵、45%咪鲜胺等，但生产上使用化学药剂难以奏效，往往在杀死病菌的同时也把有益菌杀死，破坏土壤有益菌群。

6. 香蕉枯萎病防治难点在哪些方面？

香蕉枯萎病是由尖孢镰刀菌侵染而引起的土传真菌性病害，病原菌很难彻底杀灭，极难通过化学防控和生物防控进行根治。首先，该菌产生的厚垣孢子可在土壤、腐殖质和非寄主植物中存活 $30 \sim 40$ 年，是寄主植物发病的初侵染源，是轮作防控香蕉枯萎病的主要障碍。其次，由于病菌通过幼根及受伤的地下球茎侵入，沿维管束向假茎及叶片蔓延，还可由母株的根茎吸芽导管蔓延到吸芽，而外用化学药剂很难进入植物体内。病株枯死后，病菌随病残物混入土壤中存活，导致目前尚无对香蕉枯萎病病原菌进行大田防控的特效药剂。再次，香蕉枯萎病的传播途径非常广，可以经过带病幼苗、土壤、流水、工具及农事操作等途径进行传播蔓延，极难彻底灭除。最后，由于香蕉枯萎病病原菌遗传背景复杂，长期以来对香蕉枯萎病的致病分子机理分析不清，至今尚未培育出香蕉枯萎病的免疫品种。

7. 目前防控香蕉枯萎病最根本、最有效的措施是什么？

种植对香蕉枯萎病病原菌完全免疫的抗病品种是彻底解决香蕉枯萎病的唯一途径。至今为止，还未见有对香蕉枯萎病完全免疫的抗病品种的报道，因此，种植抗病品种结合综合防控措施是目前防控香蕉枯萎病最为有效的措施。目前，根据蕉区气候特点，结合抗病品种特性，在广西、云南蕉区种植的抗病品种主要有桂蕉9号、宝岛蕉；在广东蕉区种植的抗病品种主要为南天黄，在海南蕉区种植的抗病品种主要为宝岛蕉、南天黄。值得一提的是，由于优良的农艺和商品现状，桂蕉9号种植面积扩展迅猛，被越来越多的种植户选择。

8. 如何切断香蕉枯萎病传播途径？

（1）加强香蕉组培苗检疫，用无土基质培育无病健康种苗，禁止从疫区调运种苗，从源头上控制香蕉枯萎病扩散与蔓延。（2）使用不携带香蕉枯萎病病原菌的水源进行蕉园灌溉。（3）蕉园实行严格隔离和消毒，用铁丝网、水泥桩围园，蕉园仅设置一个大门，门口应设立人行消毒过道和消毒池，所有运输生产物品、香蕉的车辆等进出应经过消毒。（4）加强田间巡查，以便及早发现蕉园发病植株并进行隔离、处理。（5）香蕉枯萎病植株及吸芽的处理应使用专用工具，用完立即进行消毒，不可与健康植株的处理工具混用。

9. 国内与国外防控香蕉枯萎病的技术有什么不同？

从国情出发，国内外对于香蕉枯萎病采取的防控措施有一定差异。
（1）国外：①植物检疫方面的执行非常严格。②在国家层面立法，如澳大利亚就专门为香蕉枯萎病防控立法并严格执行。③主要采用严格的隔离、消毒措施，如每个蕉园入口处都设立人行消毒过道和消毒池，所有运输生产物品、香蕉的车辆等进出均经过消毒。④对于初发病株，及时扑灭消毒，切断传播途径。

（2）国内：国内蕉园进出的人员和物资等基本都为开放式，蕉园做不到严格的隔离和消毒管理，只能通过种植抗病品种配套物理、化学、农业及生物防控措施加以干预防控。

10. 生物防控香蕉枯萎病的作用及应用前景如何？

生物防控即生物防治与控制的简称，也就是以一种生物来防治或控制另一种生物。它利用了生物物种间的相互关系，以一种或一类生物抑制另一种或另一类生物。它的最大优点是不污染环境，是农药等非生物防治病虫害方法所不能比的。

微生物肥料又称生物肥料、生物菌肥等，主要包括微生物接种剂（菌剂）、复合微生物肥料和生物有机肥，含有大量对农作物生长起重要促进作用的微生物，能通过微生物的生命活动产生促进植株生长、降低各种病虫对作物的负面影响作用，在对土壤不造成伤害的同时提高农作物产量，提高农业经济效益。香蕉枯萎病是典型真菌性土传病害，目前尚缺乏有效的防治方法，生物防控作为综合防治香蕉枯萎病的有效措施之一，具有兼防兼治、无污染、利于环境保护和人畜安全的优点，且符合发展有机农业的要求，备受人们重视。从生产实践结果来看，中抗品种施用生物菌肥后，香蕉植株耐病性增强，抽蕾时间提早，土壤微生物群落多样性丰富度提高，枯萎病发生率

大田施用微生物肥料

降低等。生物防控既能防治病虫害又能保护生态平衡，已成为世界范围内的研究发展方向，利用微生物及其代谢产物、植物提取物等制成生物农药进行防治，也是目前研究的热点，运用"抗病品种 + 生物菌肥（剂）"等综合防控技术措施防治香蕉枯萎病的应用前景广阔。

11. 香蕉枯萎病的化学防控措施包括哪些？

目前尚无防治香蕉枯萎病的特效药剂，在化学防治上，蕉园主要采取在种植前利用化学药剂进行土壤熏蒸消毒的措施。此外，在发病初期可用多菌灵、甲基托布津、聚砹嘧霉胺、恶酶灵、恶双菌酯、井冈霉素等药物进行灌根，每隔5～7天灌1次，连续灌2～3次；同时针对植株地上部叶面、叶背、假茎等，可用松脂酸铜或喹啉铜等喷洒叶片、茎秆，预防诱发香蕉枯萎病的叶鞘腐败病。

12. 室内盆栽与室外大田的枯萎病防治效果为何存在差异？

室内盆栽试验是大田防控的基础，现阶段虽然很多学者对香蕉枯萎病病原菌的生物防控做了大量研究，但很多研究仅局限于室内的盆栽试验，主要关注点在筛选出平板拮抗效果较好的菌株，但真正可应用到大田生产的非常少。这是由于目前生产上应用的生防菌剂主要为活孢子制剂，常受到田间温度、湿度、pH 值、土壤微生物、化学农药等因素的干扰，田间防治效果不稳定是限制生防菌剂大面积推广的主要原因。

13. 如何看待"灭除香蕉枯萎病菌"这句话？

香蕉枯萎病是由尖孢镰刀菌引起的一种典型的土传病害。尖孢镰刀菌是一种土壤习居菌，在土壤中寄生时间长，在缺乏寄主情况下，其厚垣孢子在土壤中可存活30～40年，且传染性强，极难灭除，目前尚未有灭除香蕉枯萎病的特效药剂。只有当土壤中病原菌含量控制在较低水平时，有益微生物菌群占优势，微生物菌群之间和谐共生，香蕉园才一般不会发生或少发生枯萎病。所以灭除枯萎病菌是很难的，也是不科学的。

14. 土壤改良在香蕉枯萎病防控中有什么作用？如何进行土壤改良？

近年来，香蕉集约化、规模化的单一连续种植，导致香蕉园发生土壤酸化、板结、养分不平衡、南方根结线虫、土传枯萎病等土壤障碍并迅速发展和蔓延，严重威胁我国香蕉产业安全。通过对发病蕉园土壤进行改良，可以达到提升土壤 pH 值及土壤肥力等综合质量指标、优化土壤微生物区系、减少病虫害发生、提高香蕉品质的目的，因此进行土壤改良势在必行。具体操作如下。

（1）病区蕉园轮作或休耕 2～3 年。轮作或休耕可以协调不同作物之间养分吸收的局限性，增加土壤中养分的有效性，改善根围微生物群落结构，减少土传病虫害的发生。

蕉园休耕或轮作南瓜

（2）蕉园种植前进行土壤 pH 值调理。针对蕉园土壤酸化情况，生产中通常施用石灰类、硼泥类和碱性有机肥类物质来调节土壤酸碱性，改善土壤微生态环境，破坏香蕉枯萎病的发病条件并控制黄叶病的发生。另外，钙镁磷肥或硅钙钾镁肥等石灰类调理剂、秸秆灰（或草木灰）等碱性有机肥不但可以调节土壤酸碱度，还能补充酸性土壤匮乏的钙、镁、硅等中量元素和有益元素营养，增强香蕉的抗病性。一般每亩可施用 80～100 kg 钙镁磷肥或硅钙钾镁肥等石灰类调理剂或 400～500 kg 草木灰，每亩施用 500～600 kg 生物有机肥，以增加土壤有机质含量，促进香蕉根系生长。

撒施石灰　　　　　　　　　　　　　　撒施草木灰

（3）减少化肥使用，增施有机肥。根据香蕉生长情况，分别在种植前、营养生长期、抽蕾前期施有机肥。完全腐熟的有机肥不仅能供应适量的养分增加土壤有机质含量，还可以改善土壤结构，调节土壤微生物区系，改善土壤微生态系统，从而抑制或控制病原菌生长。

种植前深耕土壤并施用有机肥

（4）定期、定量施用微生物菌肥。香蕉种植后，定期、定量施用含木霉类固体菌肥（剂）、芽孢杆菌类复合菌剂（液），用于补充土壤中有益微生物。

定期施用复合菌肥或复合菌液

15. 抗病品种在香蕉枯萎病防控中有何作用？

香蕉枯萎病是一种毁灭性的土传维管束病害，迄今为止，香蕉枯萎病的防治仍是尚未解决的世界难题，无论在化学防治、生物防治、农业防治等方面，目前都还没有取得十分理想的防治效果。在防控香蕉枯萎病的特效药剂和完全免疫的抗病品种出现之前，种植抗病品种结合综合防控措施是目前被认为防控香蕉枯萎病最有效的途径。

香蕉枯萎病的防控，必须以抗病品种为核心，结合应用轮作、土壤调理等香蕉枯萎病综合防控技术措施，才能将香蕉枯萎病发生率控制在较低水平以下。目前生产上推广种植的抗病品种，大多为中抗品种，主要有桂蕉9号、宝岛蕉、南天黄等；高抗品种有中蕉9号、粉杂1号等。以香蕉枯萎病病区种植桂蕉9号为例，在广西南宁市武鸣区病区轮作2年甘蔗后，种植桂蕉9号，结合应用土壤调理、生物防控等措施，第一造香蕉枯萎病发生率为5.01%，第二造为1.24%，第三造为0.98%，第二造起发病率逐年下降；

而对比种植的主栽感病品种桂蕉 6 号，第一造香蕉枯萎病发生率为 36.3%，第二造为 40.8%，第三造为 50.2%。由此可见，香蕉枯萎病的防控要建立在种植抗病品种的基础上，才能取得较好的防治效果。

主栽感病品种桂蕉 6 号蕉园一代蕉（左）与二代蕉（右）对比

桂蕉 9 号轮作甘蔗后一代蕉园

16. 为什么香蕉枯萎病防控效果不稳定？

香蕉枯萎病防控效果出现不稳定现象的主要原因包括：（1）不同蕉园土壤病原菌含量、病原菌致病力、酸碱度、理化性状等不一样，直接影响防控效果。（2）不同蕉园管理水平不一样。（3）防控效果与气候条件有密切关系，高温干旱条件下，更容易诱发香蕉枯萎病。（4）土壤病虫害防治的好坏直接影响防控效果。

17. 土壤消毒在香蕉枯萎病防控中有何作用？

香蕉枯萎病的病原菌是典型的土传致病菌，可通过土壤熏蒸消毒降低土壤中初始致病菌的数量，进而有效防控香蕉枯萎病的发生。棉隆和石灰氮是防治香蕉枯萎病的常用土壤消毒剂。但由于消毒剂无选择性地杀死微生物，在熏蒸过程中，目标病原菌极大程度上被杀死的同时，土壤中的非目标微生物包括一些有益微生物的组成与活性也受到了影响，破坏了土壤微生物区系的平衡，导致香蕉枯萎病的严重发生。同时土壤消毒还存在消毒不彻底及所需时间长、成本高等缺陷。因此，应选择高效、低毒、无残留、消毒效果好的土壤消毒剂，并且在消毒剂药效过后应及时补施微生物菌肥，保证土壤中有足够有益微生物，以达到提高香蕉枯萎病防病效果的目的。

土壤消毒配合施用微生物菌剂

18. 轮作对病区防控香蕉枯萎病效果影响很大，如何实施轮作制度？

土地长期单一连续种植香蕉会导致：土壤理化性质改变，次生盐渍化和土壤酸化严重；土壤有益微生物减少，有害微生物增加，加剧香蕉病虫害的发生；土壤肥力下降，某些微量元素严重缺乏，致使香蕉品质和产量下降。蕉园土壤养分及土壤微生物不均衡是加速香蕉枯萎病发生和蔓延的主要原因。蕉园经过轮作后能够有效改善土壤理化性质，优化土壤微生物群落结构，增加土壤微生物种类，改良土壤，使土壤健康良性发展。

最佳的轮作制度是水旱轮作，如种水稻、莲藕、慈姑等作物可以提高地力，减少土壤中香蕉枯萎病病原菌含量。如果无法用水生作物轮作，可以种植花生、甘蔗、木薯等与香蕉亲缘关系较远的作物。轮作时土壤最好重新深翻、整地，换位起畦、挖沟，调节土壤理化特性。香蕉枯萎病区最好轮作 3 ～ 4 年后（一般要求轮作 1 ～ 2 年），再种植抗病品种。

蕉地轮作花生、甘蔗

19. 生物菌肥（剂）防控香蕉枯萎病的机理是什么？

生防菌是一类可以防治植物病害的有益微生物，包括细菌、真菌和放线菌。生防菌的生防机制主要有以下几点。

（1）竞争作用，即与病原菌竞争生态位和营养物质。生物的生存需要一定的空间及营养物质。生防菌进入土壤或植物体后能够与香蕉枯萎病病原菌竞争相同的生态位。如果生防菌先定殖在土壤或植物组织内并占据了病原菌所需的生态位，就能对抵抗病原菌的入侵产生一定的阻遏作用。营养物质也是生防菌与病原菌争夺的重要资源，某些根际定殖的生防菌能够产生噬铁素与病原菌竞争铁元素，导致病原菌得不到铁元素而死亡。

（2）拮抗作用。定殖于土壤或植物组织内的生防菌能够产生抗菌活性物质来抵抗病原菌的侵入、潜伏和扩散蔓延。这些抗菌活性物质主要有2类，一类是小分子的抗生素类物质，如脂肽类抗生素、2,4-二乙酰间苯三酚（2,4-DAPG）、氰化氢（HCN）及其他挥发性有机化合物（VOC）等；另一类是大分子的抗菌蛋白或细胞壁降解酶类如细菌素、几丁质酶、葡聚糖酶等。

（3）诱导作用。根际生防菌通过自身产生的代谢产物或发出的信号诱导植物产生系统抗性来抑制病原菌的侵染和生长，这种抗性不同于传统的系统获得性抗性（Systemic Acquired Resistance，SAR），被命名为诱导系统抗性（Induced Systemic Resistance，ISR）。

（4）促生作用。生防菌除了可以有效防止病害的发生，还可以通过生物固氮、产生植物激素进而促进植物生长，或者通过诱导植物产生植物激素，提高对不良环境胁迫及病虫害的抵抗力来促进植株生长。

生物菌肥（剂）对香蕉枯萎病进行室内防控的效果

大田施用生物菌肥（剂）

20. 香蕉枯萎病综合防控获得良好效果需要满足哪些条件?

"以抗病品种为核心，以土壤调理为主线"的香蕉枯萎病综合防控技术方案要取得好的防控效果，必须满足以下四个条件：（1）抗病品种抗病性强。目前市场上推广应用的多为综合性状优良的中抗品种，如桂蕉9号、宝岛蕉等。（2）调理改良土壤。土壤 pH 值为 5.5 ~ 7.0，有机质丰富，提高土壤肥力，培养土壤有益微生物优势菌群，抑制病原菌生长繁殖。（3）具有充足的水肥条件。土壤水分、有机肥充足，壮根壮苗，有利于有益微生物定殖扩繁，提高植株抗病力。（4）重视病虫害防治。特别是防治根结线虫、象甲等地下害虫，保护植株根系。

21. 目前香蕉枯萎病防控措施中存在哪些问题？如何进行完善？

（1）存在问题：①目前选育出的抗病品种种类繁多、混杂，在种植过程中容易出现性状分化或抗性退化较快等问题，而且不同抗病品种的种植受到生态区域的限制，会出现经济性状差、生育周期长、跳把、露头严重等缺陷。

台湾引进种质 T2、T5（2018 年 3 月中旬种植，11 月底仍未抽蕾，叶片生长旺盛）

桂蕉6号吸芽正常　　　　　　　　桂蕉9号吸芽正常

其他抗病品种吸芽浮头及露根

②防控措施落实不到位，存在病区未经轮作直接种植抗病品种、对发病植株未经隔离并及早处理、将处理发病植株的工具与处理健康植株的工具混用、香蕉种植过程中大量施用化肥破坏土壤微生态环境等不当防控措施。

③香蕉根系损伤严重。香蕉种植过程中水分供应不足，特别是植株封行前或不注重根系病虫害的防治，导致香蕉根系受损，加剧香蕉枯萎病的发生。

（2）完善措施：①选择适合当地气候特性、对香蕉枯萎病抗性较好并且性状稳定的抗病品种进行种植。②病区种植抗病品种要进行轮作或休耕。③注重土壤调理，改善土壤微生态环境。调节土壤pH值，减少化肥施用，增施生物有机肥。④保证植株生长过程中充足的水分供应，做好植株封行前的地表覆盖。⑤定期、定量施用微生物菌肥（剂）。⑥加强根结线虫、金龟子、象甲、地老虎等地下害虫的防治。

蕉园土壤不同调理方法

蕉园封行前地表未覆盖地膜

22. 诱发香蕉枯萎病的病虫害有哪些？

香蕉枯萎病的病原菌一般是从根尖和球茎表面的伤口侵入，因此，要特别注意易引起植株伤口的病虫害的防治及尽量避免机械损伤，具体见表1、表2。

表1　易引起香蕉枯萎病传播的主要虫害及防治

主要虫害	具体分类	发生特点	防治要点
香蕉象甲	鞘翅目象甲科香蕉黑带象甲（*Odoiporus longicollis* Olivier），主要为幼虫钻蛀蕉茎，导致茎部腐烂，造成植株整体折倒而死亡	该虫在广西香蕉产区一年发生4～5代，世代重叠。各虫态均可越冬，尤以幼虫为主。每年3～6月幼虫发生数量较大，以5～6月为害最严重。成虫喜群栖在叶鞘顶部内侧或腐烂的叶鞘内，具假死性，晚上交尾及产卵。卵散产在叶鞘表层内的胞间道中，每格1～2粒。产卵处表面有水渍状的褐色斑点和少量胶状物外溢。初孵幼虫先在外层叶鞘取食，渐向中心钻蛀，取食较嫩的组织，构成纵横不定的隧道。幼虫老熟时在比较坚韧的外层叶鞘内咬食纤维，并吐胶状物将叶鞘缀成坚实的茧，然后居于茧内化蛹	（1）新蕉园禁止带入有虫蕉苗，防止虫源传播 （2）结合清园，剥除假茎外层的叶鞘，集中处理，可杀死部分卵粒，同时捕捉叶鞘内的成虫 （3）药剂防治。应抓住幼虫发生较多的3～6月，可选用3%辛硫磷颗粒剂或10%噻唑膦颗粒剂，每株3～10 g施入根部土穴中；也可选用80%敌敌畏乳油1000倍稀释液、30%敌百虫乳油1000倍稀释液、25 g/L溴氰菊酯乳油400倍稀释液、20%氰戊菊酯乳油400倍稀释液在蕉茎上部叶柄内灌注。还可用80%敌敌畏乳油或30%敌百虫乳油，按每千克药剂与30～50 kg泥粉用适量水拌成泥浆涂假茎

续表

主要虫害	具体分类	发生特点	防治要点
香蕉象甲	鞘翅目象甲科香蕉黑筒象甲（Cosmopolites sordidus German），成虫、幼虫均为害，尤其以幼虫为害最为严重，蛀食接近地下部的假茎或球茎，使植株叶片卷黄、枯叶率高	该虫在广西一年发生4～5代，幼虫在蕉兜内越冬。成虫畏光，白天常匿藏于蕉茎最外1～2层干枯或腐烂的叶鞘中，晚间取食和交配产卵。成虫有假死性、群集性、耐饥力强。卵产于最外1～2层蕉茎的小孔穴内。幼虫孵化后由外向内蛀食，老熟幼虫用嚼细的蕉茎纤维将隧道两端封闭，在其中化蛹，不结茧。成虫羽化后仍暂居于隧道中，之后从上端钻出	（1）清洁蕉园。凡有虫的蕉园，收蕉后将残体（含蕉头）挖起集中销毁 （2）人工捕杀成虫。主要是捕捉藏匿在叶鞘基部和干的假茎内的成虫 （3）假茎诱杀成虫。将收蕉后的残茎切成条块，放置在蕉行中诱杀成虫 （4）药剂防治。可用3%辛硫磷颗粒剂撒施在植株基部；也可用50%辛硫磷乳油1000倍稀释液、90%敌百虫可溶性粉剂1000倍稀释液、2.5%功夫乳油1500～2000倍稀释液喷叶鞘，用25 g/L高效氯氟氰菊酯乳油2000倍稀释液灌注于叶基部，或者喷淋蕉茎和根部

表 2　易引起香蕉枯萎病传播的主要病害及防治

主要病害	病原及症状	发生特点	防治要点
香蕉根结线虫病	病原主要有根结线虫属（*Meloidogyne*）的 4 个种：南方根结线虫［*M.incognita*（Kofoid & White）Chitwood］、花生根结线虫［*M.arenaria*（Neal）Chitwood］、爪哇根结线虫［*M.javanica*（Treub）Chitwood］和北方根结线虫［*M.hpla* Chitwood］。感病植株地上部分矮小，叶片失绿、无光泽或呈暗黄绿色，常显现出由中脉向叶缘方向逐渐变黄色，严重时叶片中部还会出现不规则形的褪绿黑斑，似缺水缺肥状。蕉根局部肿胀，在细根上形成大小不一的根瘤，在粗根末端膨大呈鼓槌状或长弯曲状，须根少，呈黑褐色，严重时表皮腐烂	香蕉根结线虫主要以卵、幼虫及雌成虫在土壤和病根内越冬。侵染方式以 2 龄幼虫侵染香蕉嫩根，寄生于根皮内，刺激细胞过度分裂，形成根结。成虫将卵产到露在根外的胶质卵囊中，卵囊遇水破裂，卵粒散落于土壤中形成再侵染源。病苗和病土是远距离传播的主要途径，水流、农事操作等是近距离传播的主要途径。一般沙壤土的蕉园比黏质土的蕉园发病重；前作是水稻、玉米的发病轻，后作是番茄、瓜类的发病重	（1）农业防治。大棚内选用无病土、晒干土或消毒土装杯育苗。蕉园加强水肥管理，促进新根生长。有条件的最好进行水旱轮作 （2）生物防治。将淡紫拟青霉剂 1000 ～ 1500 g/666.7 m² 或厚孢轮枝菌剂 2000 ～ 2500 g/666.7 m² 拌土沟施或穴施 （3）药剂防治。用 0.5% 阿维菌素颗粒剂 2.0 ～ 3.0 kg/666.7 m² 或 10% 噻唑膦颗粒剂 1.5 ～ 2.0 kg/666.7 m² 拌土撒施、沟施或穴施

续表

主要病害	病原及症状	发生特点	防治要点
叶鞘腐败病	主要由成团泛菌〔*Pantoea agglomerans*（Beijerinck）Gavini et al.〕引起，有报道南方茎点霉菌（*Phoma jolyana* Pirozynski & Morgan-Jones）也能引发该病。主要为害成株期香蕉中下部叶鞘部位，以抽蕾前老叶发病最重，新叶发病较轻。发病初期，在叶中肋背面及叶柄与假茎连接处出现黑褐色不规则形病斑，病斑逐渐沿叶中脉背面由基部向端部扩展，并连接成片。在高温高湿的环境下，叶鞘病斑颜色加深，呈黑褐色水渍状腐烂，致使叶片尚未枯萎就折断下垂，病叶从下层逐渐向上层扩散	该病发生的程度与环境和栽培管理有很大的关系。一般高温高湿以及通风不良的蕉园发病较重；台风、暴雨过后容易诱发该病；氮肥的施用量与发病程度成正比	（1）加强栽培管理。田间发现病株后及时割除发病叶片，并喷药防治。割完一株蕉叶后，用 0.5% 浓度的高锰酸钾溶液对刀具进行消毒后再割下一株蕉叶 （2）降低氮肥在肥料中的配比，增施有机肥和磷钾肥 （3）药剂防治。可选用 2% 春雷霉素 800 倍稀释液或 33.5% 喹啉铜乳油 1500～2000 倍稀释液灌根

 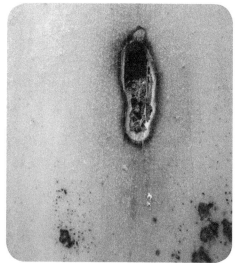

香蕉象甲

根结线虫病症状

叶鞘腐败病

23. 套种对防控香蕉枯萎病有什么好处？

合理套种不仅可充分利用土地资源增加经济效益，还能有效改善土壤理化性质、增加土壤微生物种类，有效减少各种病害的发生。据报道，秋植抗病品种桂蕉 9 号套种黑皮冬瓜，香蕉枯萎病发病率降低 12.96%；香蕉套种韭菜后，土壤细菌含量显著增加，放线菌和尖孢镰刀菌含量显著减少，香蕉枯萎病的防控效果提高 23.7%；香蕉套种红薯，香蕉枯萎病的防控效果提高了 69.4%；香蕉套种白三叶草，香蕉枯萎病发病率下降 13.34%；香蕉套种花生和柱花草，可使土壤微生物细菌群落增加、土壤真菌数量显著减少。在增施有机肥的基础上进行香蕉套种假花生和覆盖稻草处理，可显著增加土壤可培养细菌和放线菌数量，减少香蕉枯萎病病原菌数量。

香蕉套种各种作物（花生、韭菜、马铃薯）

24. 简要介绍广西秋植香蕉套种黑皮冬瓜模式

在广西，为了避免寒害的影响，抗（耐）病品种以秋植为主，香蕉套种黑皮冬瓜是比较合适的。9～10月种植香蕉苗，11～12月套种黑皮冬瓜。利用黑皮冬瓜瓜蔓在蕉园地表延伸形成绿色覆盖，在香蕉封行前，特别是高温天气水分供应不足时，与单作香蕉相比，套种黑皮冬瓜更有利于保持土壤水分，使香蕉植株根系不易受损伤，从而减少病菌入侵的机会，降低香蕉枯萎病发病率。而且，香蕉套种黑皮冬瓜后对改变土壤理化性质、增加土壤微生物种群数量及提高微生物群落结构多样性有显著效果。此外，秋植香蕉套种的黑皮冬瓜在翌年4月底至5月初便可收获完毕，不影响香蕉中后期管理的农事操作，同时黑皮冬瓜田间管理简便，高产稳产，经济效益较高。

香蕉套种黑皮冬瓜

五、健康种苗

1. 香蕉组培苗有什么优点？

香蕉组培苗指利用优良香蕉品种的吸芽茎尖作为外植体，采用植物组培技术获得的根、茎、叶俱全的完整香蕉小植株。与传统吸芽苗相比，香蕉组培苗有以下几个主要优点：（1）品种纯正，性状稳定。从生产上挑选产量高、品质优、抗病性强、适应性广、综合性状好的优良品种，再优选单株，应用组培技术进行严格、精细、科学的培养，保证了品种的稳定性。（2）健康无菌，质量优良。香蕉吸芽经过严格筛选和脱毒，并经检测确定无病毒，才进行生产繁育，能有效排除花叶心腐病、束顶病等病毒病。采用无土繁育技术，可以防止种苗带有香蕉枯萎病病原菌等土传致病菌。（3）种苗整齐，供苗量大。应用组培技术按生产计划进行大规模生产，短期内提供大量高度、叶片、粗细一致的优质种苗。（4）生长快速，成熟一致。组培苗生长旺盛，长势比吸芽苗快，可提前抽蕾成熟，而且生长整齐，成熟一致，采收期集中，方便生产管理和销售。（5）高产优质，性状稳定。香蕉组培苗植株健壮，病虫害少，易于生产管理，产量较高，果梳整齐漂亮，商品率高，方便包装销售。

2. 香蕉组培快繁技术的主要生产流程是什么？

香蕉组培快繁技术主要包括母株选取、不定芽诱导、丛芽增殖、生根培养、假植培育等五个流程。

（1）母株选取。在没有严重病虫害的蕉园，选取品种纯正、植株健康、产量较高的母株，再选取其健壮吸芽作为繁殖材料。

（2）不定芽诱导。将香蕉吸芽外表面的叶鞘剥除，用蒸馏水冲洗干净，剥取吸芽的茎尖放入培养基中，放置在培养室中培养，诱导出芽。

（3）丛芽增殖。对诱导出来的丛芽进行继代培养，20天左右即可继代增殖一次，经过多次继代培养后可获得大量丛芽。

（4）生根培养。经过一定次数的继代培养之后，将丛芽分切转入生根培养基中，诱导长根，获得生根组培苗。

（5）假植培育。将生根组培苗转入装有泥土或椰糠等基质的营养杯，放在大棚内培养，经过一段时间的生长适应，香蕉组培苗就可在大田种植。

吸芽处理

吸芽诱导

诱导出芽

丛芽增殖

生根诱导　　　　　　　　　　　　　　生根袋苗

沙床假植　　　　　　　　　　　　　　上杯培育

3. 为什么选择无病健康种苗种植?

（1）香蕉无病种苗按照严格的生产程序生产，能确保品种纯正。（2）种苗健壮，根系发达，不带病毒病、枯萎病等危险性病虫害，定植成活率高。（3）缓苗期短，蕉苗生长整齐，长势旺，封行快，结果早，丰产稳产。（4）果梳整齐漂亮，商品率高，品质优良。（5）香蕉无病种苗植株健壮，根系发达，抵抗力强，肥料利用率高，可减少化肥农药的施用，降低生产成本。

4. 如何选择健康种苗？

（1）选择信誉好、有生产资质的正规厂家，推荐选择无土基质繁育的组培苗。（2）品种纯正，无变异苗、畸形苗。（3）植株健壮，生长整齐，假茎直径 1.0 cm 左右，假茎高度 13.0 ～ 19.0 cm，叶片 6 ～ 9 张。（4）叶片无病虫为害，叶色青绿不徒长。（5）根系生长良好，白根多。（6）植株无机械性损伤。

健壮无病植株　　　　　　　　　　　健康苗根系

劣质组培杯苗及其根系

5. 远距离调运香蕉种苗应遵守哪些规定？

根据《植物检疫条例》规定，凡种子、苗木和其他繁殖材料，不论是否列入应施检疫的植物、植物产品名单和运往何地，在调运之前，都必须经过检疫。经检疫未发现植物检疫对象的，发给植物检疫证书。发现有植物检疫对象，但能彻底消毒处理的，托运人应按植物检疫机构的要求，在指定地点做消毒处理，经检疫合格后发给植物检疫证书；无法消毒处理的，应停止调运。

　　香蕉枯萎病是一种毁灭性病害，是国际植物检疫对象。植物检疫机构依据植物检疫法规对调运的香蕉种苗实施检疫，严禁调运带有香蕉枯萎病病原菌的种苗。

六、未来香蕉枯萎病防控技术研究重点

1.目前香蕉枯萎病综合防控技术取得哪些进展,存在什么问题,如何克服?

（1）取得进展：通过化学防治、生物防治、轮作套种等综合防控技术可取得一定防控效果。化学药剂的防控效果差异很大，目前还没有防治香蕉枯萎病的特效药剂。应用生物有机肥可建立有益菌群，改变根际微生物群落结构，提高微生物群落多样性，从而减少病原体在香蕉根际的定殖和分布。生防菌的应用是生物防治的重要方式，目前，生产上应用较多的生防菌剂有木霉菌类、枯草芽孢杆菌类、解淀粉芽孢杆菌来、地衣芽孢杆菌类、胶质芽孢杆菌类、淡紫拟青霉、菌根真菌类等。合理的轮作套种能显著降低香蕉枯萎病的发病率，如黑皮冬瓜、果蔗、韭菜等都有成功的案例。

（2）存在问题：生产实践中单一的防控技术很难到达理想的防控效果，防效不太稳定。

（3）克服方式：生产上通常采用抗病品种与多种防病技术相结合的方法来防控香蕉枯萎病。

2. 今后香蕉枯萎病的研究重点是什么?

（1）加强抗病品种的选育，争取育成高抗或免疫的香蕉优良新品种，

从根本上解决香蕉枯萎病问题。(2)继续开展香蕉枯萎病综合防控技术研究,包括健康种苗、轮套种、土壤调理、生防菌、水肥管理等。(3)加强香蕉抗病机理研究和抗病基因的挖掘。

3. "以抗病品种为核心,以土壤调理为主线"的香蕉枯萎病综合防控技术应用前景如何?

香蕉枯萎病是世界性难题,也是制约香蕉生产的最主要病害之一。栽培种香蕉多为三倍体,育种非常困难,目前还没有育成综合性状优良的高抗或免疫品种。生产应用的抗病品种以中抗品种为主,必须配套香蕉枯萎病防控技术,才能取得理想的防控效果。经过多年的研究与实践,广西壮族自治区农业科学院生物技术研究所研发了一套"以抗病品种为核心,以土壤调理为主线"的香蕉枯萎病综合防控技术体系,应用该技术体系可实现第一造香蕉枯萎病发病率低于8%,第二造香蕉枯萎病发病率低于5%,具有广阔的推广应用前景。

参考文献

［1］付岗.香蕉病虫害防治原色图鉴［M］.南宁：广西科学技术出版社，2015.

［2］黄穗萍，莫贱友，郭堂勋，等.广西香蕉枯萎病4号生理小种发生情况及香蕉品种抗性鉴定［J］.南方农业学报，2013，44（5）：769-772.

［3］李华平，李云锋，聂燕芳.香蕉枯萎病的发生及防控研究现状［J］.华南农业大学学报，2019，40（5）：128-136.

［4］林时迟，张绍升，周乐峰，等.福建省香蕉枯萎病鉴定［J］.福建农业大学学报，2000，29（4）：465-469.

［5］莫贱友，秦碧霞，郭堂勋，等.广西香蕉枯萎病病原菌4号生理小种的分子检测与鉴定［J］.南方农业学报，2012，43（9）：1312-1315.

［6］覃柳燕，李朝生，韦绍龙，等.广西香蕉枯萎病4号生理小种发生特点调查［J］.中国南方果树，2016，45（3）：93-97.

［7］覃柳燕，孙嘉曼，韦弟，等.5株香蕉枯萎病菌（Foc4）菌株对桂蕉6号的致病力测定［J］.南方农业学报，2014，45（12）：2153-2157.

［8］吴志红，王凯学，卢维海，等.香蕉枯萎病在广西的发生趋势及其防控思路［J］.中国植保导刊，2012，32（7）：54-55.

［9］谢艺贤，漆艳香，张欣，等.香蕉枯萎病菌的培养性状和致病性研究［J］.植物保护，2005，31（4）：72-74.

［10］曾莉，郭志祥，番华彩，等.云南香蕉枯萎病及防治研究进展［J］.热带农业科技，2016，39（4）：19-22，24.

［11］Food and Agriculture Organization of the United Nations［EB/OL］.（2017-01-01）［2019-05-01］.

［12］HAWNG S C. Recent development on fusarium R&D of banana in

Taiwan［C］//Mohna A B.Banana Fusarium wilt management：Towards sustainable cultivation：Proceeding of the international workshop on the banana Fusarium wilt disease. INIBAP，2001：9-49.

［13］KARANGWA P，MOSTERT D，NDAYIHANZAMASO P，et al. Genetic diversity of *Fusarium oxysporum* f.sp. *cubense* in east and central Africa ［J］.Plant Disease，2018，102（3）：552-560.

［14］NAYAR N M. The Bananas：Botany，Origin，Dispersal［M］//Janick J.Horticultural Reviews，Volume 36.Hob-oken，New Jersey：John Wiley and Sons，2010：118-164.

［15］PLOETZ R C. Panama disease：An old nemesis rears its ugly head：Part 2：The Cavendish era and beyond［J］.Plant Health Prog，2005，23：1-17.

［16］PLOETZ R C. Fusarium wilt of banana is caused by several pathogens referred to as *Fusarium oxysporum* f.sp. *cubense*［J］.Phytopathology，2006，96（6）：653-656.

［17］U H J，CHUANG T Y，KONG W S. Physiological race of Fusarium wilt fungus attacking Cavendish banana of Taiwan［J］.Taiwan Banana Research Institute，1977（2）：22.